Bibliografische Information der Deutschen Nationalbibliothek:

Die Deutsche Bibliothek verzeichnet diese Publikation in der Deutschen Nationalbibliografie; detaillierte bibliografische Daten sind im Internet über http://dnb.d-nb.de/ abrufbar.

Impressum:

Druck und Bindung: Books on Demand GmbH, Norderstedt Germany
ISBN: 9783668349377

Dieses Buch bei GRIN:

http://www.grin.com/de/e-book/345717/beitraege-zum-stand-der-technik-und-den-transactions-in-suffering-innovations

Michael Dienst

Beiträge zum Stand der Technik und den "Transactions in suffering Innovations"

Transactions in Suffering Innovations T001 SI482

GRIN Verlag

Beiträge zum Stand der Technik und den „Transactions in suffering Innovations“

Ideen verbrennen im Park

Der Wedding ist heute wunderschön
und ich fühl` mich seltsam stark.
Was hält mich da noch im Labor?
Wir gehen zum Led Zeppelin,
der gefällt mir mehr als je zuvor,
bei ungefähr tausend Kelvin.
Komm, lass uns Patente verbrennen im Park.

Mi. Berlin 2016

Den Ausführungen sei ein Traktat vorangestellt. Die Textbeiträge zum Stand der Technik und den „Transactions in Suffering Innovations“ besitzen ein dynamisches Format und sind, beginnend im November 2016, in folgender Weise geordnet und Überschrieben:

Titel:	Artefakt
Untertitel:	Transactions in Suffering Innovations T[NUMMER]SI[Mi-KENNUNG]
Datum:	Freigabe
Prolog	[Kontext]
Kerntext	[Technische Beschreibung]
Epilog	[Hintergründe und Dialoge]

Traktat

über die Beiträge zum Stand der Technik und zu den „Transactions in Suffering Innovations"

Die „Transactions in Suffering Innovations" bilden eine Sammlung von Schriften über Artefakte im Themenfeld Biologie & Technik, die in loser Reihenfolge erscheint. Es besteht durchaus die Absicht, den Stand der Technik zu verändern.

Gegenstand der Beiträge zu den Schriften der „Transactions in Suffering Innovations" sind Artefakte, Problemlösungen, Gestaltungsfragen und die kritische Auseinandersetzung mit Themen der Bionik, also Technik nach Vorbildern aus der belebten und unbelebten Natur und ihre Umsetzung. In ausgesuchten Fällen sind Technische Beschreibungen nach Standards des Deutschen Patent und Markenrechts[1] verfasst.

Mit den „Transactions in Suffering Innovations" soll der Fortschritt auf dem Gebiet der angewandten Bionik dadurch gefördert werden, dass die dargestellten notleidenden Artefakte, Problem- und Gestaltungslösungen frei von Rechten Dritter sind und mit ausdrücklicher Genehmigung dem Leser zur Nutzung verfügbar werden.

In den „Transactions in Suffering Innovations" werden ausschließlich Artefakte offeriert, die nicht unter das Arbeitnehmererfindungsgesetzes ArbErfG[2] fallen oder in der Vergangenheit fielen.

Die in den „Transactions in Suffering Innovations" dargestellten Artefakte sind insofern notleidend, da sie einerseits aus materieller Not nicht weiterverfolgt werden, ein Umstand der sich vielleicht wieder ändern mag. Andererseits sind die dargestellten Artefakte notleidend, weil sie möglichweise auftretender oder voranschreitenden geistigen Umnachtung zum Opfer zu fallen drohen; ein Umstand der sich wohl nicht mehr ändern wird.

Als Übergeordneter Absicht gilt es solche Forschung anzustoßen, die Lösungswege der Übertragung biologischer Phänomene untersucht und Fragestellungen betrifft, die im Zusammenhang stehen mit Natur und Technik.

Die Beiträge zum Stand der Technik und den „Transactions in Suffering Innovations" sind in deutscher Sprache verfasst. Dem Text wird gegebenenfalls eine teilweise oder vollständige Übersetzung in englischer Sprache beigestellt. In einer Ausgabe der Schriftensammlung wird jeweils nur ein Werk platziert. Den Ausführungen wird gegebenenfalls ein Prolog vor und ein Epilog nachgestellt.

Mi. Dienst

---

[1] https://www.dpma.de/patent/anmeldung/index.html

[2] Am 7. Februar 2002 trat die Novellierung des Arbeitnehmererfindungsgesetzes ArbErfG in Kraft.

Titel: **Laborfinne LABFin**
Untertitel: Transactions in Suffering Innovations T001 SI482
23.Nov. 2016

PROLOG

Definition einer referentiellen NULL-Finne

Die hier postulierte „NULL-Finne“ ein fiktionales System. Niemand - außer uns - würde diese Finne bauen. Kein Surfer würde die Null-Finne unter sein Board klippen, durch die Welle pflügen oder sich gar damit am Strand zeigen.

Die NULL-Finne besitzt eine einfache, sinnfällige Tragflügelkontur (Trapez-Flügel mit mäßiger Pfeilung an der Profilvorderkante und ohne Pfeilung an der Hinterkante), ihre Gestalt ist ausgewogen, vermeidet Extrema (Schlankheitsgrad, Aspect Ratio) und ist mit RP-Technik umgehend zu fertigen. Als Terminal wählen wir das *FUTURES*-System (kurzes Plug der Center-Fin).

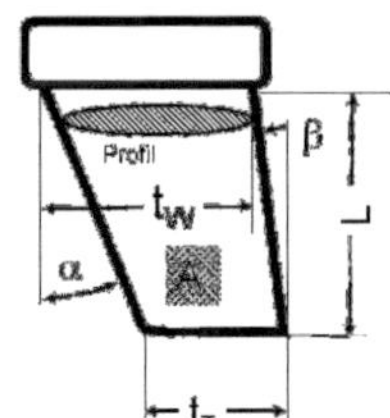

Vorgegebene und abhängige Geometriedaten				**NULL-Finne**
Profiltiefe (Wurzel)	t	m	0.1	0.10
Profiltiefe (Randbogen, Tip)	t_T	m	$0.7 \cdot t$	0.07
Tragflügellänge	L	m	$1.2 \cdot t$	0.12
Terminal Breite	b	m	0.07	0.07
Pfeilungswinkel vorn	α	°	α=arc tan((t-t1)/L)	16
Pfeilungswinkel hinten	β	°		0
Schlankheit (Aspect Ratio)	λ	-	$\lambda = 2 \cdot L / (t+t_T)$	1.4
laterale Tragflügelfläche	A	m^2	$(L \cdot t) - (L^2 \tan \alpha)/2$	0.0102
benetzte Tragflügelfläche	A_b	m^2	$(2 \cdot L \cdot t) - (L^2 \tan \alpha)$	0.0204
projez. Anströmfläche	A_S	m^2	$d \cdot L$	0.0072
Profildicke(Wurzel) NACA 0006	d_W	m	d_W=0.06 t	0.07
Profildicke(Tip) NACA 0006	d_T	m	d_T=0.06 t_T	0.049
Dickenrücklage NACA 0006	df	m	df=0.3t (für Wurzel)	0.03

Tabelle: Spezifikation der referentiellen NULL-Finne.

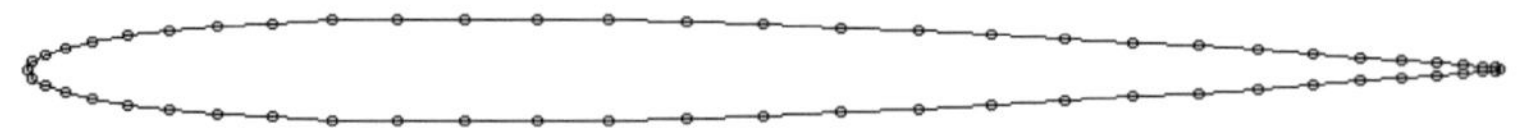

Nullfinne als LAB-Fin: LABORTRAGFLUEGEL [100] [7] [120] [70] [NACA0006] [glatt]

Die referentielle NULL-Finne ist ein Container, der mit unterschiedlichen Profilkonturen beladen werden kann. Das originäre System besitzt eine Profilkontur aus der 4-stelligen Serie symmetrischer NACA-Profile [3] mit d/t=6[%] Durchmesser (NACA 00 06) so dass bei einer Profiltiefe von t=100 [mm] die Materialstärke am Terminal (b=6 [mm]) erreicht wird.
Die Dickenrücklage der 4-stelligen NACA-Profile ist für kleine Profildicken auf df=0.3·t determiniert. Auftrieb- und Widerstandsbeiwerte der Profilserie sind bekannt[4]. NACA Profile der 4-stelligen Serie zeichnen sich dadurch aus, dass die Kontur y(x) durch ein Polygon 4.ten Grades angegeben wird, was – vor dem Hintergrund einer Fertigung mit RP-Techniken - die Portation der Datenfiles erleichtert.

Abb.: Die NULL-Finne in einem hübschen Kontext. Mi. Dienst Sommer 2016.

[3] Polygon der Profilekontur der vierstelligen NACA-Serie:
$y(x)_{NACA}=y_{MAX} \cdot (a_0 \cdot x^{1/2} + a_1 \cdot x + a_2 \cdot x^2 + a_3 \cdot x^3 + a_4 \cdot x^4)$

[4] Ira H. Abbott, Albert E. von Doenhoff: Theory of Wing Sections: Including a Summary of Airfoil Data. Dover Publications, New York 1959,

Technische Beschreibung

Surfboardfinne ausgeführt als vollparametrisierter Labortragflügel

Die Erfindung betrifft eine vollparametrisierte, standardisierte Laborfinne (eine Surfboard-finne, nachfolgend **„LAB-Fin“** benannt), deren Gestalt mit geringen deklaratorischen Mitteln beschreiben werden kann. Die Laborfinne ist als Technik- und Technologiedemonstrator geeignet. Der Erfindung liegt die Idee einer fludmechanisch wirksamen Leit- und Steuer-tragfläche für kleine Seefahrzeuge zu Grunde, die durch einfache geometrische Elemente beschrieben und durch lediglich vier Parameter eindeutig definiert ist. Die Finne ist zur gestaltkompatiblen Montage an standardisierte Einbauflansche für Surfboards diverser Hersteller geeignet. Der Tragflügel der Surfboardfinne besitzt eine strömungsmechanisch wirksame und bauartbedingt, eine achssymmetrische Profilkontur. Die Surfboardfinne kann skaliert und paramertrisiert werden derart, dass sie für diverse Anströmbedingungen fluidmechanisch wirksam und geeignet ist. Es sollen unterschiedliche Tragflügelprofile realisierbar sein. Ist das Profil nicht Bestandteil der Deklaration gilt die Profilkontur „ebene Platte“.

Stand der Technik und der Wissenschaft. Profile
Ein Strömungsprofil bezeichnet die Querschnittgeometrie von Kraft- und Arbeitstrag-flügeln in Strömungsrichtung des umgebenden Fluids. Kontur bezeichnet dabei die umhüllende Gestalt eines Strömungskörpers. Dreidimensionale Körperkonturen können eben, konvex oder konkav sein. Elastisch flexible Profilkonturen sind Stand der Technik und der Wissenschaft. Flexible Profilkonturen für Surfboardfinnen sind Stand der Technik. Elastische Finnen vom Stand der Technik verhalten sich mechanisch orthodox; dies bedeutet, dass die strukturelle Bauteilverformung der Richtung der beaufschlagenden Kraft folgt.

Stand der Technik. Leitflächen an Surfboards
Surfboardfinnen sind als Leit- und Steuertragflächen im Bereich des Hecks eines Surfboards wirksam. Für die Montage von unterschiedlichen Finnen an Surfboards sehen die markt-führenden Hersteller unterschiedlich standardisierte Einbauflansche vor. Bei Surfboards in Fahrt und beim Manövrieren ist neben der hohen mechanischen Belastung der strömungsmechanisch wirksamen Bauteile im Bereich des Unterwasserschiffes die optimale und an Strömungswiderständen arme Funktionsweise entscheidend für die Fahrleistung. Grundsätzlich sind bei leistungsoptimierten Seefahrzeugen vom Stand der Technik und all ihren Bauteilen Robustheit, Formhaltigkeit, Funktion und Lebensdauer bei geringem Gewicht von Bedeutung. Zum Lateralplan eines Seefahrzeugs zählen alle fluidmechanisch wirksamen Leitflächen im Unterwasserbereich. Bei Surfboards vom Stand der Technik gehören die als Leitflächen ausgeführten Finnen am Heck zum Lateralplan. In Fahrt bilden fluidmechanisch wirksame Leitflächen im Unterwasserbereich mit symmetrischem Profil nach Stand der Technik dann einen fluiddynamisch wirksamen Tragflügel aus, wenn eine nicht axiale Anströmung gegeben ist. Dies gilt insbesondere für Surfboardfinnen mit symmetrischem Profil nach Stand der Technik.
Die aus dem hydrodynamischen Auftriebsgebaren der Surfbrettfinnen resultierende Querkraft wird beim Manövrieren genutzt. Surfbrettfinnen nach Stand der Technik sind üblicherweise aus (symmetrisch profiliertem) Vollmaterial. Für das Flügelende

der Leit- und Steuertragfläche, insbesondere den Randbogen (die Kontur des vom Surfbrettkörper abweisenden, freien Surfbrettfinnenflächenendes) sind unterschiedliche Formen bekannt.

Stand der Technik und der Wissenschaft, Physikalische Modelle.
Simulationssoftware nimmt in den naturwissenschaftlichen und ingenieurwissenschaftlichen Berufsfeldern einen zunehmend größeren Anteil ein (organisatorisch, zeitlich und Kosten). In klassischen maschinenbaubetonten Produktentwicklungs- Methodiken, wie etwa der VDI-R 2221, werden bereits in der frühen Phase Wirkprinzipien und Funktionsmodelle nachgefragt; sie geben erste Auskünfte über Form und Art, Abmessungen, Anordnung und Anzahl der Gestaltungselemente eines frühen Entwurfs und bilden die Entscheidungsgrundlagen für die weitere Entwicklung. An Bedeutung gewinnen gegenständliche Modelle, die mit Rapid Prototyping-Verfahren (RP) direkt aus den CAD-Datenbeständen generiert werden können. Experimentieren mit gegenständlichen Modellen umfasst das ganze Spektrum sehr einfacher Tests bis hin zu aufwändigen Erprobungen mit Prototypen und Vorläuferprodukten. Beanspruchungsmodelle dienen der Klärung des Bauteilverhaltens bei äußerer Beanspruchung (statisch, dynamisch, Schwingung, isolierte Kräfte), Verformungs- und Funktionsmodelle zur Analyse des Bauteilverhaltens hinsichtlich Kinematik, Dynamik, thermischen, elektrischen und chemischen Verhaltens. Ergonomie-modelle und Anmutungen dienen zur Erprobung der Handhabung, Montage, Bedienung und von Nutzungsszenarien im Anwendungsfeld sowie zur Vermittlung eines realistischen Eindrucks über die visuellen Eigenschaften des späteren Produkts, auch dessen Haptik.

Problembeschreibung
Surfboardfinnen sind hinsichtlich ihrer geometrischen Gestalt und der in der Konstruktion verwandten Profilkonturen nicht standardisiert. Dies erschwert die Vergleichbarkeit physikalischer Messergebnisse und numerischer Simulationsmodelle oder macht eine Evaluation sogar unmöglich. Außerdem werden bei der Entwicklung von fluidmechanisch wirksamen Kraft- und Arbeitstragflächen für Strömungsmaschinen generell die Koordinaten der Konturen der Strömungsprofile Profilkatalogen entnommen. Beides, die Variantenvielfalt der geometrischen Gestalt und die Profilauswahl stellen im Zeitalter hoch entwickelter mathematischer Berechnungs- und Handhabungsmethoden sowie vergleichsweise leicht verfügbarer Datenbankbestände kein grundsätzliches Problem dar. Dennoch taucht in für Strömungsanwendungen typischen Entwicklungs- und Nutzungsszenarien, etwa in Forschungslabors (Prototypenbau) und im von kleinen und mittelständigen Unternehmen geprägten Yacht- und Bootsbau (Einzelanfertigungen, Unikate, Reparatur) häufig das Problem auf, dass die Geometriedaten von Strömungsbauteilen und der Konturen von Profilen für fluidmechanisch wirksame Kraft- und Arbeitstragflächen für Profillehren, Formen und anderer Fertigungsmittel in einer für die Bauteiloptimierung, der wissenschaftlichen Untersuchung und/oder die Fertigung nicht geeigneten Form vorliegen. Für die Beschreibung von Konturen nach dem Stand der Technik wird auf Datenbanken oder Profiltabellen zurückgegriffen [Abbo-59] [Eppl-90] [Gorr-17].

Problemlösung
Die Erfindung betrifft eine Laborfinne (LAB-Fin), deren Gestalt mit geringen deklaratorischen Mitteln beschreiben werden kann. Die Laborfinne ist ein standardisierter Messkörper, als Technik- und Technologiedemonstrator geeignet, kann durch einfache geometrische Elemente beschrieben und in ihrer einfachsten Ausführung durch lediglich vier Parameter [P0] [P1] [P2] [P3] eindeutig definiert

werden. Der Parameter P0 ist die Profiltiefe an der Flügelwurzel t [mm], der Parameter P1 ist die spezifische Profildicke d/t [%]. Der Parameter P2 ist die spezifische Profiltiefe am Tragflügelende (Flügel-Tip) b/t [%], der Parameter P3 ist die spezifische Tragflügellänge a/t [%] der Finne. Die Profilkontur und weitere Features der Finne, die das Strömungsteil spezifizieren können der Spezifikation nachgestellt werden, wie folgt:

LABORTRAGFLUEGEL[t,mm],[d/t,%],[a/t,%],[b/t,%],[Profil],[Feature**1**],..,[Feat. **n**]

In einer entsprechenden Parametrisierung mit einer Profiltiefe an der Flügelwurzel t=110 [mm], einer spezifischen Profildicke d/t=6 [%], einer spezifischen Profiltiefe am Tragflügel-ende (Flügel-Tip) b/t=70[%] und einer spezifische Tragflügellänge der Finne a/t=120[%], wird mit einer Standard-Profilkontur „ebene Platte“ und einer in der Messtechnik für Strömungsbauteile gewöhnlichen Oberflächenbeschaffenheit glatt, etwa nach Eppler [Eppl-90] die Finne spezifiziert:

LABORTRAGFLUEGEL [110] [7] [120] [70] [NACA0006] [glatt]

Die Glattheit der Tragflügeloberfläche und die Tragflügelprofilkontur sollen in einer Grundkonfiguration als gegeben und gesetzt gelten, so dass sich die Spezifikation vereinfacht zu:

LABORTRAGFLUEGEL [P0] [P1] [P2] [P3]

Erzielbare Vorteile

Die standardisierte Surfboardfinne ist einer messtechnischen und/oder simulationstechnischen Analyse und Vergleichbarkeit zugänglich. Das ist von wissenschaftlichem und wirtschaftlichen Interesse. Die Analyse der mechanische Beanspruchung von Bauteilen und Baugruppen erfolgt mit klassischen Methoden der technischen Mechanik, wie etwa der Elastischen Theorie oder mit zeitgemäßen finiten Verfahren (Finite Element Methode, FEM). Die Strömungswirklichkeit wird nach der Potentialtheorie grob ermittelt, oder mit Finite Volumen Verfahren realitätsnah analysiert (Computational Fluid Dynamics, CFD). Die standardisierte Finne ist einer Analyse der Fluid- Struktur- Wechselwirkung (Fluid Structure Interaction, FSI) zugänglich. Die standardisierte Surfboardfinne kann direkt an handelsüblichen Surfboards verwendet werden und einer Evaluierung im „Feld“ (in der Welle) oder messtechnischen Untersuchungen im Labor und am Strömungskanal dienen. Seitens der Fertigung sind gießtechnische Verfahren (GT) oder Rapid Prototyping (RP).
Mit der Standardisierung wird erreicht, dass in der Baupraxis, in der Reparatur- und Instandhaltungspraxis Strömungsbauteile und/oder deren Fertigungsmittel wie Profillehren oder Formen durch einfache mathematische Beziehungen beschrieben werden können und in der Konstruktionspraxis geometrische Vorgaben möglich werden oder existieren, die auch vom (Surf-) Laien mit geringsten Mitteln umgesetzt werden können. Die Simplifizierung der Konstruktion führt auch auf Robustheit im Betrieb; dies ist von wirtschaftlichem Interesse.

Wirtschaftliche Verwertbarkeit

Der Markt für Surfboardfinnen ist überschaubar klein, aber die Szene ist vital. Mit der Surfboardfinne nach Anspruch 1 wird sich die zum Manövrieren benötigte Querkraft vergrößern und größer sein als jene von Finnen vom Stand der Technik. Innovationen, die die fluidischen Leistungsparameter der Strömungsbauteile und die Performance des Gesamtsystems verbessern werden erfolgreich am Markt sein.

Aufbau, bauliche Ausführung und Wirkungsweise
Fluidmechanisch wirksame Leit- und Steuertragflächen sind in der Regel profiliert ausgeführt. Das vom Surfboard abgewandte Finnentragflächenende (Tragflächen-rand-bogen) ist typenbedingt geformt und kann mit unterschiedlichen Konturen ausgebildet sein. Für Surfboardfinnen vom Stand der Technik sind unterschiedliche Profile und Profilkombinationen bekannt.
Die Finne ist symmetrisch ausgeführt und zur gestaltkompatiblen Montage an standardisierte Einbauflansche für Surfboards diverser Hersteller geeignet. Die Einbauflansche (Plugs) sind nicht Gegenstand der Erfindung und das Surfboard ist nicht Gegenstand der Erfindung.
Das Tragflügelteil der Surfboardfinne besitzt eine strömungsmechanisch wirksame Profilkontur. Für die Montage von unterschiedlichen Finnen an Surfboards sehen die marktführenden Hersteller standardisierte Einbauflansche vor.

Geometriebeschreibung	absolute Abmessung		Parameter
Profiltiefe an der Flügelwurzel	t	[mm]	P0
Profildicke	d	[mm]	
Profiltiefe am Tragflügel-Tip	b	[mm]	
Tragflügellänge	a	[mm]	

Geometriebeschreibung (relativ)	spezifische Abmessung		Parameter
Spezifische Profildicke	d/t	[%]	P1
Spezifische Profiltiefe (Flügel-Tip)	b/t	[%]	P2
Spezifische Tragflügellänge	a/t	[%]	P3
Profilkontur (exemplarisch)	NACA 0006		Standardprofil
alsoFeature (exemplarisch)	glatt		Oberfläche
alsoFeature (exemplarisch)	*FUTURES*		Hersteller- PLUG

Bauteile in den schematischen Abbildungen	
BOA	Bootskörper, Surfboard
PLUG	Einbauflansch (finnenseitig)
BAS	Tragflügelbasis, Tragflügelwurzel
F	Tragflügelfläche
NOS	Nasenbereich des Tragflügels
TIP	Tragflügelrandbogen

Finnenterminal (exemplarisch, Hersteller: *FUTURES*)		
PLUG- Länge	L= 115	[mm]
PLUG-Tiefe	T=18	[mm]
PLUG-Dicke	D = 7	[mm]

Das bei dieser Konstruktion zur Anwendung kommende „Terminal", welches zu dem Einbauflansch (Plug) des Surfboards kompatibel ist, entspricht einem über Länge L, Tiefe T und Dicke D standardisierten Rechteckprisma. LAB-Fin ist determiniert, wenn bekannt ist: Die Profiltiefe an der Flügelwurzel t [mm], die spezifische Profildicke d/t [%], die spezifische Profiltiefe am Tragflügelende (Flügel-Tip) b/t [%], die spezifische Tragflügellänge a/t [%] der Finne, die Profilkontur, und weitere Features der Finne, die das Strömungsteil spezifizieren., also:

LABORTRAGFLUEGEL [t, mm] [d/t, %] [a/t, %] [b/t, %] [Profilkontur] [alsoFeature]

Die für Finnenwurzel-Bereich, kompatibel zu Terminal zur Anwendung kommende „Box" ist beliebig und nicht relevant für die Erfindung nach Anspruch 1. In den Abbildungen Figur 1 wird der Finnenwurzel-Bereich kompatibel zu Terminals eines weltweit agierenden Hersteller als Rechteckprisma dargestellt. Bauweisen und Bauausführungen der Anmontage einer Finnentragfläche an ein Surfboard sind nicht Gegenstand der Erfindung.

Aufbau und bauliche Ausführung.
Die Surfboardfinne, bestehend aus dem proximalen (dem Grundkörper zugewandten) Finnenterminal PLUG, der proximalen Tragflügelbasis BAS, dem Tragflügelnasenbereich NOS, dem Finnenflügelteil F und dem distalen (dem Grundkörper abgewandten) Trragflügel-Randbogen TIP bilden zusammen eine konstruktive und funktionale Einheit.
Die baulichen Zusammenhänge sind unter Hinzuziehung der Liste der Merkmale aus den schematischen Skizzen in der Abbildung Figur 1 zu ersehen.
Die Surfboardfinne ist mit RP-Verfahren (Rapid Prototyping) Urformbauweise nach Stand der Technik aus Kunststoff fertigbar. Die Finnenwurzel PLUG ist ebenfalls in klassischer Urformbauweise aus Kunststoff fertigbar; u. A. Polyamid (PA), oder Nylon kommen in Frage. Die bauliche Ausführung des Finnentragflügels entspricht einer Integralkonstruktion.

Wirkungsweise
Der Tragflügel, gebildet aus dem proximalen Finnenflügelteil F ist Teil der Lateralfläche des Surfboard-Fahrzeugs. Erfindungsgemäß sind Teile des fluiddynamisch wirksamen Trag-flächensystems in einer Ebene längs der Strömungshauptrichtung unbeweglich angeordnet. In einem durch Querströmung beaufschlagten Zustand bildet das proximale Finnenflügelteil F einen fluidmechanisch wirksamen Tragflügel aus und arbeitet als eine reguläre Surfbrettfinne als fluiddynamische und querkrafterzeugende Auftriebsfläche.

Bibliographie und Quellen

[Abbo-59] Ira H. Abbott, Albert E. von Doenhoff: Theory of Wing Sections: Including a Summary of Airfoil Data. Dover Publications, New York 1959,

[Eppl-90] Richard Eppler: Airfoil Design and Data. Springer, Berlin, New York 1990,

[Gorr-17] Edgar Gorrell, S. Martin: Aerofoils and Aerofoil Structural Combinations. In: NACA Technical Report. Nr. 18, 1917.

[Katz-01] Joseph Katz, Allen Plotkin: Low-Speed Aerodynamics (Cambridge Aerospace Series) Cambridge University Press; 2 edition (February 5, 2001)

[Mial-05] B. Mialon, M. Hepperle: "Flying Wing Aerodynamics Studies at ONERA and DLR", CEAS/KATnet Conference on Key Aerodynamic Technologies, 20.-22. Juni 2005, Bremen.

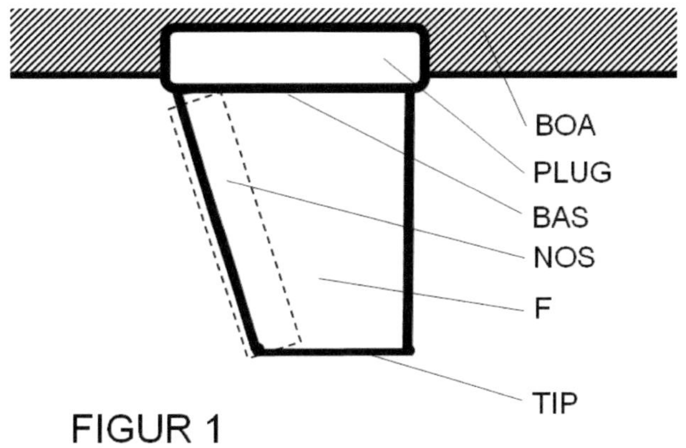

FIGUR 1

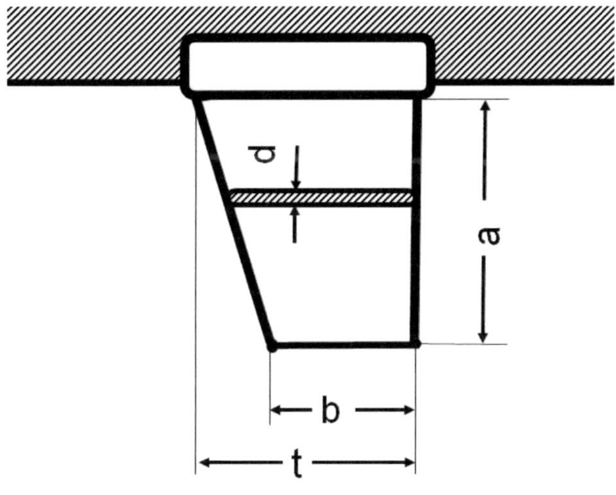

FIGUR 2

Epilog

Es ist Sonntag der 20. November 2016. Totensonntag. Vorhin haben wir die Traueranzeige aus der Tageszeitung geschnitten. Reinhard, erst mein Dozent, dann mein Kollege und seitdem mein Freund – natürlich habe ich mich zu wenig gekümmert in den letzten Jahren - wird in wenigen Tagen als Urne in eine Marienfelder Wiese versenkt. H. wird mich begleiten. Ich bin ihr dankbar dafür.

H: Du weißt aber schon, dass Du gerade Bockmist baust?
Mi: Ja.
H: Ich meine jetzt nicht diesen Schmalz mit dem Big Zeppelin. Und dass Du jetzt auch noch dichten musst. Ich meine die Sache an sich.
Mi: Page nicht Degenhard. *Led* Zeppelin.
H: Was soll der Quatsch mit der Patentverbrennung?

In die Trauer mischt sich Streit, der den vorliegenden Text betrifft. Nicht seinen Inhalt, sondern dass es diesen Aufsatz überhaupt geben soll. H. ist mein bester Freund, meine Ratgeberin und mein Gewissen. Seit weit vielen Jahren. Eigentlich immer schon. Don`t make me loose ... Sollte in meiner Umgebung je so etwas wie Moral aufgetaucht sein, dann ist H auch dies. Zunehmend ist H. auch noch mein Gedächtnis. Mit immer gleicher Ruhe und allen Übels verzeihend nimmt sie an meiner Verblödung teil. Und Anteil. Erduldet die alten Methoden und die neu hinzukommenden Rituale, mit denen ich dagegen ankämpfe zu einer Art Gemüse zu werden. Von außen betrachtet muss ich ein Scheusal sein und sie ist so stark. Und viel lieber würde ich mich aus dem Revier schleichen wie ein sterbendes Tier; aber das lässt sie nicht zu. Sie würde es außerdem feige nennen.

H: Patente verbrennen das machen nur Primitive. Willst Du das sein? Du würdest keinen guten Proleten abgeben. Mann, Micha. Nicht mal einen Working Man. Du warst nie ein guter Handwerker, nie. Aber du warst immer ein guter Ingenieur. Der zündet keine Bücher an. Oder den ganzen Wedding gleich.
Mi: Ich *bin* Handwerker.
H: Ha, wenn unser Föhn kaputtgeht, schneide ich den Stecker ab.
Mi: Ja, ich weiß.
H: Damit Du am Leben bleibst. Deine beiden linken Hände sind sprichwörtlich. Aber Du warst ein guter Ingenieur. Ich würde Dich einen genialen Theoretiker nennen.
Mi: Aber auch Schlosser.
H: Vor meiner Zeit.
Mi: Sie haben uns die Türschilder abmontiert. Den Dipl.-Ing., den Master, alles.
H: Das sagtest Du bereits. Jammer, jammer, jammer. Du bleibst Ingenieur.
Mi: Sonstiger Mitarbeiter.
H: Hör auf.
Mi: Wir dürfen keine wissenschaftlichen Aufsätze schreiben. Weil wir neuerdings keine Akademiker mehr sind, sagt ..

H: .. der Vize, ich weiß. Das ist aber jetzt nicht unser Thema. Nicht wieder. Du willst also Deine Bücher verbrennen. Öffentlich. Im Wedding. Kriminell werden. Ich fasse es nicht.
Und übrigens heißt es: „komm wir gehen *Tauben vergiften* im Park"? Dieser Öchi-Typ. Geissler oder so!

Mi: Du kennst Georg Kreissler? Wahnsinn.

H: Das nenne ich übrigens kriminell. Die armen Tauben.

Beide müssen herzhaft lachen. Es ist *der* Running Gag. 1981, sie kannten sich etwa ein halbes Jahr und H. hatte diese Krebsdiagnose. Eine Powerfrau sollte Zytostatika nehmen, bestrahlt werden, die schönen blonden Haare verlieren. Die volle Packung. Ein Anruf mit dem Stationstelefon, wenig Worte nötig, M. war zur Stelle und zur gemeinsamen Flucht bereit. Der ganze Krankenhauskram war schnell eingepackt und man schlich aus dem Zimmer, nicht ohne die „Chemo", jene kleinen roten Pillen der ersten Phase, aus der Verpackung zu drücken und aus dem Zimmerfenster zu werfen. Wie Diebe huschten sie aus der Krebsstation der „Puls-Straße, Frauenklinik Charlottenburg. H. hatte beschlossen: Sie wollte nicht krank sein, sie gab dieser Diagnose keine Chance. Wie sie waren, fuhren die beiden direkt in den Harz. Also Grenzkontrolle, DDR, Hirschberg an einem Stück, mitten in der Woche, Arbeit egal, Klausuren egal, faktisch waren sie an diesem Tag ja schon tot. Aber zusammen. Nach einem wunderbaren verregneten Wochenende lebten sie aber immer noch. Nach zwei Wochen auch. Fünf Wochen nach der Flucht gehen sie gemeinsam ins Krankenhaus und stellten sich den Ärzten, dann der Untersuchung, und schließlich der gesamten Situation. Die Diagnose ist negativ! H: „Der Krebs hat sich verpisst".

Ach so, die Tauben? Als ich mit H durch das Treppenhau hetze, durch das schwere Tor zum Innenhof schlüpfe, sehen wir sie, wie sie die kleinen roten Pillen aufpicken.

H: Das ist Anarchie. Man verbrennt keine Bücher. Niemals.

Mi: Bücher?

H: Aufsätze, Wissenschaft, Forschung, Patente. Was auch immer. Stell Dich nicht doof. Ich will nicht ..

Mi: .. mit einem Anarchisten in einem Bett schlafen.

H: .. an einem Tisch sitzen. Wie jetzt gerade. Oder sie sperren Dich gleich ein. Denk doch mal an die Kinder. Unsere Kinder.

Mi: Propotkin hatte auch Kinder. Bakunin sogar zehn.

H: Wer?

Mi: Ok, gelogen.

H: Ossies.

Mi: Russen.

H: Du lässt Dich also einknasten, nur um Dein Mütchen zu kühlen!

Mi: :) :

H: Deine Tochter hat einen Kriminellen zum Vater. Und Mo auch. „Besser heut nich U-Bahn fah`n, der Papa zünd` den Wedding an".

Mi: nennen wir es „Arbeiten am Stand der Technik".

H: Du kannst doch nicht alles aufs Spiel setzen. Deine Arbeit. Uns. Dich selbst?

Sie erträgt es, wie ich morgens um acht zur Arbeit radle, abends nach sieben nach Hause komme und mich sogleich an den Tisch setze, um zu schreiben. Ich weiss ja inzwischen auch, dass ich asozial bin. Dieses zwanghafte Schreiben. Aber es gibt Anlässe. Nicht wenige Dinge erfinde ich mehrmals. Mal liegen Jahre dazwischen, mal eine Nacht. Anfangs habe ich mich noch gewundert und war amüsiert, dass ich gleiche Formulierungen wieder und wieder verwende. Aber wenn einer sich eine ganze Nacht das Hirn zermartert, um einem Absatz den letzten Schliff zu geben, wieder und wieder unzufrieden ist, generiert und verwirft, um dann keine drei Tage später einen alten Text mit exakt diesem Satz, alleine mit dem Unterschied korrekter Orthographie, wiederfindet in einem Aufsatz aus dem Vorjahr, dann muss einer – um nicht zu verzweifeln - verschwiegen sein wie Hermes, oder einen guten Freund haben. Ich habe H.

H: Du weißt, dass Du uns dann alle zum Narren gehalten hast. Jahre lang. 35 Jahre lang. Selbst wenn Du da bist, bist Du nicht da.

Mi: Fünfunddreißig-und-sieben-zwölftel Jahre.

H: Du bist wirklich so ein Ego-Fuzzi. Der größte seit Hermann Hesse.

Ja das stimmt leider. Wenn ich programmiere, bedeutet mir die Eleganz des Codes sehr viel. Da bin ich eitel und stolz drauf. Funktions- und Variablennamen wähle ich sorgfältig. Im wahrsten Sinne des Wortes sinnfällig. Nicht selten stürze ich ganze Routinen, wenn sie nicht im Gesang des restlichen Codes aufgehen. Ich genieße dieses schöpferische Tun. Es ist erhebend, ja, berauschend. Ich klappere diesen bigotten Text ganz gelockert in die Tastatur, weil ich außer mir noch einige Menschen kenne, die ich sehr schätze und bewundere, Reinhard gehört dazu, und von denen ich gleichzeitig wusste und weiß, dass sie alles andere sind, als vergeistigte, selbstverliebte Spinner.
Dieserart begann ich kürzlich an einem Programm zur „schnellen Fluid-Struktur-Wechselwirkung", also „fastFSI" zu arbeiten. Wenn man nicht ständig programmiert, braucht man schon ein paar Tage konzentrierter Arbeit, damit es wieder fließt und flutscht. Nach einer Woche etwa kamen mir Namen und Strukturen verdächtig vor. Ins Wochenende ging ich mit einem seltsamen Gefühl. Am Samstagabend wurden die heimischen Speicher-Sticks durchforstet. Nach Programmen, nach einem Urteil. Siehe da, auf meinem alten Windows-NT-Laptop fand ich den Code. Aus dem Jahre 2004. Saubere Arbeit. Fein ausgewählte Dateinamen, kluge Prozeduren, das ganze Programm ein rundes, funktionierendes Etwas. Nun wusste ich, wo ich am Montag im Büro suchen müsste. Es hätte mich erfreuen sollen, das Wiederfinden. Tat es aber nicht. Ich hatte alles vergessen. Alles. Nicht nur in welcher Weise es funktioniert und geht, sondern dass es überhaupt bereits jemals funktionierte und ging. Dass es da war. Und fertig. Und was mich am meisten daran stört ist, dass ich damals viel besser war als heute. Vielleicht nicht so fit wie meine jungen Kollegen, mit denen ich (noch) das Büro teilen darf. Aber trotzdem ganzschön gut. Wie konnte ich nur vergessen, dass ich dieses kniffelige FFSI-Problem (stellen Sie sich bitte vor: ein Potentiallöser und die elastische Theorie lösen gekoppelt die Aufgabe der Fluid-Struktur-Interaktion eines Profilquerschnitts in 1/1000 der Zeit, die ein CFD-Code braucht) schon einmal gelöst hatte. Ich habe bis heute gebraucht, diesen Schock zu überstehen. Diese Schande. Brauche bis nächstes Jahr oder bis morgen. H sagt, sie begleite mich in die Finsternis.

H: Aber nicht heute!
Mi: Es geht schnell.
H: Ich dachte, Du meinst das eher so theoretisch-symbolisch. Wir wollten doch auf den Türkenmarkt gehen.
Mi: Das tun wir auch. Gleich im Anschluss. Guck mal; das ist nur eine Ecke.
H: ... und Du meinst ich soll Dich jetzt hier mit Deiner Gitarre fotografieren.
Sie bleibt stehen stampft mit dem Fuß auf. Eine typische H-Geste, süß.
Du kannst doch gar keine Gitarre spielen.
Mi: Ein Neuanfang.
H: Katholischer Pharisäer!

Ich habe eine schlecht strukturierte Angst, dass ich diesen Text hier schon einmal geschrieben habe. Oder zweimal, oder zehnmal.